サイパー思考力算数練習帳シリーズ

シリーズ４６

体 積　　上

体積の意味から、立方体・直方体、○○柱、○○錐(すい)の体積の求め方まで

小数範囲：小数の四則計算が正確にできること
台形・円などの面積が求められること
逆算ができること

◆　**本書の特長**

1、図形の一分野である「体積」について、基礎から段〇〇〇で詳しく説明しています。

2、自分ひとりで考えて解けるように工夫して〇〇〇〇〇〇〇他のサイパー思考力算数練習帳と同様に、**教え込まなくても学習できる**〇

3、体積とは何かから、直方体・〇〇〇〇〇〇〇〇〇方まで、基礎から中程度の応用問題まで詳しく説明しています。単〇〇〇〇〇〇ル）、㎠（平方センチメートル）、㎤（立方センチメートル）を用いています。〇〇〇〇〇など他の単位や、単位換算については、シリーズ３３「単位の換算　中」で学習し〇〇〇。

◆　**サイパー思考力算数練習帳シリーズについて**

　　ある問題について同じ種類・同じレベルの問題をくりかえし練習することによって、確かな定着が得られます。

　　そこで、中学入試につながる文章題について、同種類・同レベルの問題をくりかえし練習することができる教材を作成しました。

◆　**指導上の注意**

①　解けない問題、本人が悩んでいる問題については、お母さん（お父さん）が説明してあげて下さい。その時に、できるだけ具体的なものにたとえて説明してあげると良くわかります。

②　お母さん（お父さん）はあくまでも補助で、問題を解くのはお子さん本人です。お子さんの達成感を満たすためには、「解き方」から「答」までの全てを教えてしまわないで下さい。教える場合はヒントを与える程度にしておき、本人が自力で答を出すのを待ってあげて下さい。

③　お子さんのやる気が低くなってきていると感じたら、無理にさせないで下さい。お子さんが興味を示す別の問題をさせるのも良いでしょう。

④　丸付けは、その場でしてあげて下さい。フィードバック（自分のやった行為が正しいかどうか評価を受けること）は早ければ早いほど、本人の学習意欲と定着につながります。

もくじ

体積の基礎

例題1、アとイとでは、どちらが体積（＝かさ＝奥行きのあるものの大きさ）が大きいでしょうか。

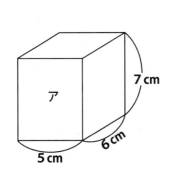

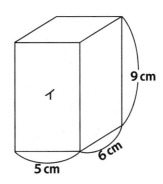

　　見れば分かりますね。答えはイです。

答、___イが大きい___

例題2、ウとエとでは、どちらの体積が大きいでしょうか。

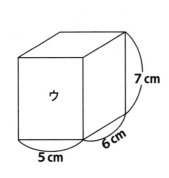

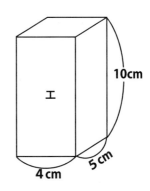

　これは見ただけでは分かりませんね。

　何か大きさを比べる時には、その基準となるものがなければいけません。

　「サイパーシリーズ39面積　上」で学習したように、面積なら、たて1cm、よこ1cmの正方形を考え、それが何枚あるかではかりました。

　体積をはかるときも、同じように何か基準となる大きさが必要です。

体積の基礎

面積の基準を、たて１cm、よこ１cm の正方形で考えたように、体積の基準は、たて１cm、よこ１cm、高さ１cm のサイコロ形 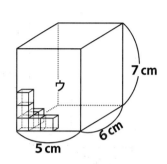 とします。

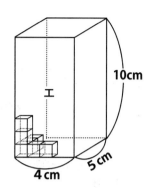

ウはよこ５こ、たて６こ、高さ７こですから、全部で **５×６×７＝２１０こ。**

エはよこ４こ、たて５こ、高さ10こですから、全部で **４×５×10＝２００こ。**

ウの方がエよりも 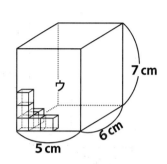 サイコロ形１０こ分大きいことになります。

答、＿＿＿ウが大きい＿＿＿

この 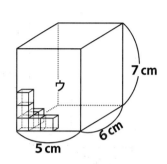 サイコロ形は、たて１cm、よこ１cm、高さ１cm でした。このサイコロ形１この大きさを「1㎤」といいます。「㎤」は「**立方センチメートル**」と読みます。たて１cm、よこ１cm、高さ１cm の立方体の大きさ（かさ）を「1㎤ 一立方センチメートル」といいます。

上図ウの大きさ（かさ）は、1㎤のサイコロ形が２１０こあるので、２１０㎤となります。同じく、エの大きさ（かさ）は２００㎤となります。

大きさ（かさ）を、算数の用語では「**体積**」といいます。上図ウの体積は２１０㎤、エの体積は２００㎤です。ウの体積の方がエの体積より１０㎤大きい、といえます。

体積の基礎

★全ての面が長方形か正方形でできている立体を「直方体<ruby>ちょくほうたい</ruby>」といいます。
その中で、特に、全ての面が正方形だけでできている立体を「立方体<ruby>りっぽうたい</ruby>」といいます。

直方体

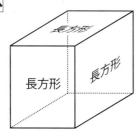
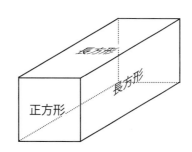

立方体

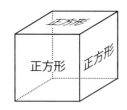

一般に、それぞれの長さを、下図のように「**よこ**」「**たて**」「**高さ**」と呼びます。

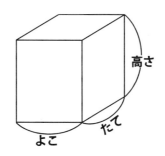

直方体も立方体も

・面は６つ　　　　・辺は１２本　　　　・頂点は８つ

で

・交わる面と面は垂直　　・向かい合う面と面は平行

・交わる辺と辺は垂直　　・同じ面上で向かい合う辺と辺は平行

です。

体積の基礎

例題3、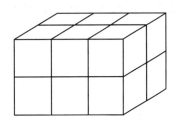 の立方体が１㎤の時、次の直方体の体積を求めなさい。

　　　よこ３こ、たて２こ、高さ２この立方体がならんでいます。立方体は全部で　**３×２×２＝１２こ**　ありますから、答えは　**１２㎤**　となります。

答、＿＿＿１２㎤＿＿＿

問題１、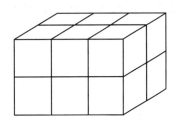 の立方体が１㎤の時、次の直方体の体積を求めなさい。

①

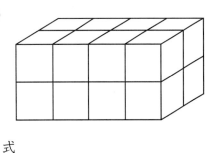

式

答、＿＿＿＿＿＿＿＿㎤＿＿

②

式

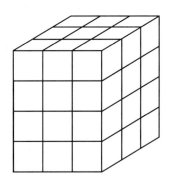

答、＿＿＿＿＿＿＿＿㎤＿＿

③

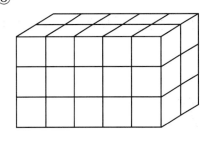

式

答、＿＿＿＿＿＿＿＿㎤＿＿

④

式

答、＿＿＿＿＿＿＿＿㎤＿＿

体積の基礎

例題４、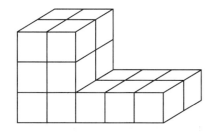 の立方体が１cm³の時、次の直方体の体積を求めなさい。

これまでのようにかけざんだけでは求めることができません。これぐらいの立方体の数ですと、１つずつ数えてもそんなにたいへんではありませんが、数が多くなると数えるだけで時間がかかります。うまく計算で求める方法はないでしょうか。

方法１、下図のように、２つに分けて考えます。

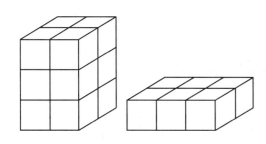

左の方は　　２×２×３＝１２こ

右の方は　　３×２×１＝６こ

正方形の合計は　　１２＋６＝１８こ

答、　　　　１８cm³

方法２、下図のように、別の分け方で、２つに分けて考えます。

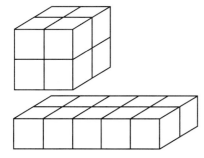

上の方は　　２×２×２＝８こ

下の方は　　５×２×１＝１０こ

正方形の合計は　　８＋１０＝１８こ

答、　　　　１８cm³

方法１も２も、にたような方法ですね。どちらか１つの方法を覚えておけば、その時々で、自分の分かりやすい方法で分けて考えられます。

また、３つ以上の直方体に分けて考える方法もありますが、分ければ分けるほど計算の式がふえますので、上図の場合は２つに分けるのが良いでしょう。

さらに、もう１つ方法があります。

体積の基礎

方法3、直方体から直方体を引く。

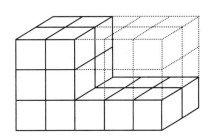

点線の部分をふくめると、ちょうど直方体になります。

この直方体にある ▱ は　５×２×３＝３０こ

また、点線の部分には　３×２×２＝１２こ

直方体（全体）から点線の部分を引けば求める部分になるので　３０－１２＝１８こ

答、＿＿＿１８㎤＿＿＿

問題２、　小さい立方体が１㎤の時、次の形の体積を求めなさい。

①

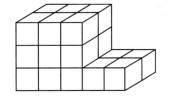

式・考え方

②

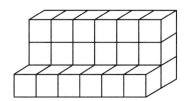

式・考え方

答、＿＿＿＿＿＿㎤＿＿＿

答、＿＿＿＿＿＿㎤＿＿＿

体積の基礎

③

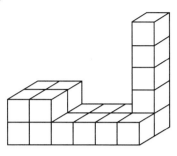

式・考え方

答、＿＿＿＿＿＿＿＿cm³

④

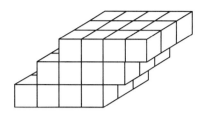

式・考え方

答、＿＿＿＿＿＿＿＿cm³

⑤

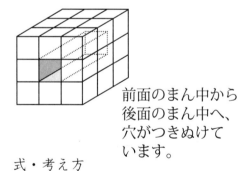

前面のまん中から
後面のまん中へ、
穴がつきぬけて
います。

式・考え方

答、＿＿＿＿＿＿＿＿cm³

⑥

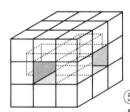

⑤に加えて、
右面のまん中から
左面のまん中へ、
つきぬけています。

式・考え方

答、＿＿＿＿＿＿＿＿cm³

直方形・立方体の体積

例題5、　よこ３cm、たて２cm、高さ２cm の直方体の体積は、何㎤でしょうか。

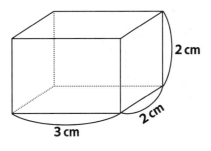

これまでのように、よこ１cm、たて１cm、高さ１cm の ▱ が何こ入るかを考えれば解けます。

この直方体は、Ｐ６の例題３と同じものです。

よこ３こ、たて２こ、高さ２こですから

３×２×２＝１２こ　　　１２㎤　となります。

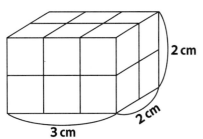

しかし、いちいち ▱ を書いていてはたいへんですね。もっとかんたんに求める方法はないでしょうか。

　下の図のように、よこ１列、たて１列、高さ１列の ▱ の数がわかれば、あとは計算で求められました。

　この直方体は、よこ３cm です。▱ はよこ１cm ですから、▱ はよこに３こならぶことは、すぐに分かります。

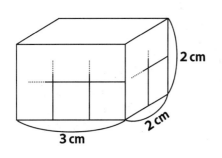

同じく、たて２cm には ▱ が２こならび、高さ２cm には ▱ が２こならぶことが分かります。

　つまり、直方体のよこ、たて、高さの長さは、それぞれ ▱ のならぶ数を表していることになります。したがって、よこ、たて、高さの長さ（cm）をかけ算すれば、その直方体にならぶ ▱ の数を

表していることになり、その直方体の体積が求められたということになります。

直方体の体積（㎤）の求め方：よこ（cm）たて（cm）×高さ（cm）

　もちろん立方体の体積も、同じ方法で求められます。

例題５の答、＿＿＿＿１２㎤＿＿＿＿

直方体・立方体の体積

問題３、 次のそれぞれの体積を求めなさい。

①、よこ３cm、たて４cm、高さ５cm の直方体

式

答、＿＿＿＿＿ cm³

②、よこ５cm、たて２cm、高さ９cm の直方体

式

答、＿＿＿＿＿ cm³

③、一辺が８cm の立方体

式

答、＿＿＿＿＿ cm³

（以下、角は全て直角です。長さの比率（ひりつ）は正確ではありません。）

④

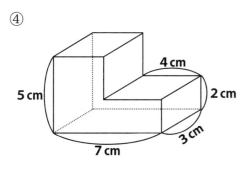

⑤

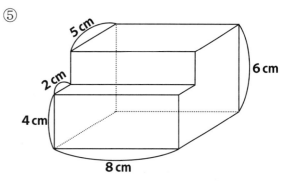

式

式

答、＿＿＿＿＿ cm³

答、＿＿＿＿＿ cm³

直方体・立方体の体積

⑥
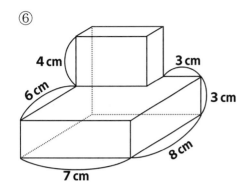

4 cm
6 cm
3 cm
3 cm
8 cm
7 cm

式

答、＿＿＿＿＿ cm³

⑦　穴が空いています

8 cm
3 cm
5 cm
8 cm
10 cm

式

答、＿＿＿＿＿ cm³

⑧
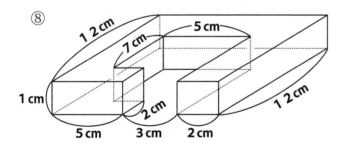

12 cm
7 cm
5 cm
1 cm
5 cm
3 cm
2 cm
2 cm
2 cm
12 cm

式

答、＿＿＿＿＿ cm³

テスト1　直方体・立方体の体積テスト

テスト1－1、　小さい立方体 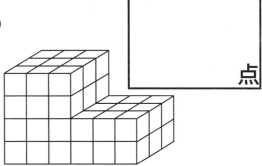 が1cm³の時、次の立体の体積を求めなさい。

① （6点）

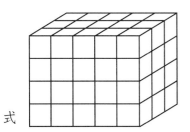

式

答、＿＿＿＿＿＿cm³

② （6点）

点

式

答、＿＿＿＿＿＿cm³

③ （6点）

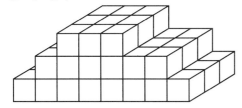

式

答、＿＿＿＿＿＿cm³

④ （7点）

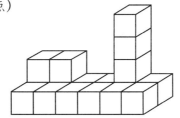

式

答、＿＿＿＿＿＿cm³

テスト1　直方体・立方体の体積テスト

⑤（7点）穴がつきぬけています

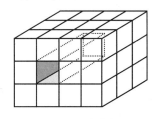

　式

　　　　　　答、＿＿＿＿＿cm³

⑥（7点）穴がつきぬけています

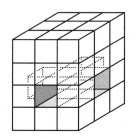

　式

　　　　　　答、＿＿＿＿＿cm³

⑦（7点）

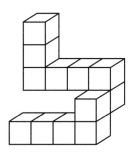

　　　　　　式

　　　　　　答、＿＿＿＿＿cm³

テスト１　直方体・立方体の体積テスト

テスト１－２、　次のそれぞれの体積を求めなさい。

①、よこ５cm、たて３cm、高さ８cm の直方体。（６点）

　式

答、＿＿＿＿＿cm³

②、一辺が９cm の立方体。（６点）

　式

答、＿＿＿＿＿cm³

（以下、角は全て直角です。長さの比率は正確ではありません。）

③（７点）

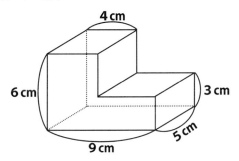

④（７点）

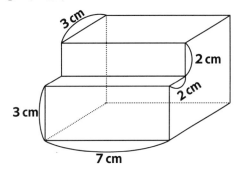

　式

答、＿＿＿＿＿cm³

　式

答、＿＿＿＿＿cm³

テスト1　直方体・立方体の体積テスト

⑤（9点）

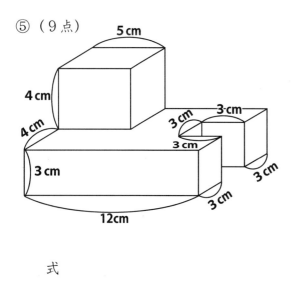

式

答、＿＿＿＿＿＿cm³

⑥（9点）穴があいています

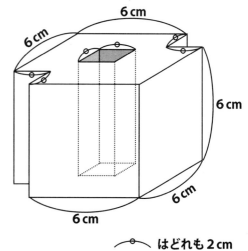

◠◦は どれも2cm

式

答、＿＿＿＿＿＿cm³

⑦（10点）

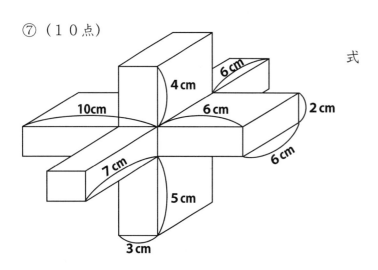

式

答、＿＿＿＿＿＿cm³

柱の体積

★下の図のような形を、それぞれ「…柱」とよびます。

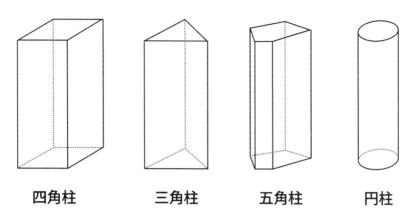

四角柱　　　　　三角柱　　　　　五角柱　　　　　円柱

それぞれ ■ の部分を「底面」とよび、「底面」の形から「…柱」とよびます。

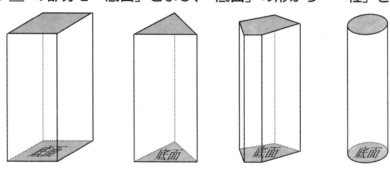

底面が四角形なら「四角柱」、三角形なら「三角柱」、円なら「円柱」となります。

直方体や立方体は、四角柱の一つです。

立方体も四角柱の1つ!

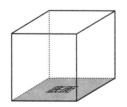

柱の体積

問題４、次のそれぞれの形が、「…柱」ならその名前を書き、「…柱」でないなら、
　　×印を書きましょう。

①、

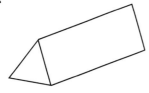

　　　答、＿＿＿＿＿＿＿＿＿

②、

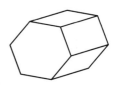

　　　答、＿＿＿＿＿＿＿＿＿

③、

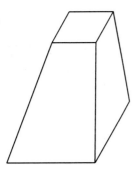

　　　答、＿＿＿＿＿＿＿＿＿

④、

　　　答、＿＿＿＿＿＿＿＿＿

⑤、

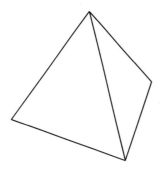

　　　答、＿＿＿＿＿＿＿＿＿

⑥、

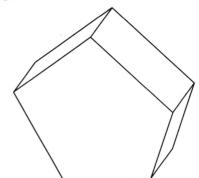

　　　答、＿＿＿＿＿＿＿＿＿

柱の体積

例題6、右図のような、底面が直角三角形の三角柱の体積を求めましょう。

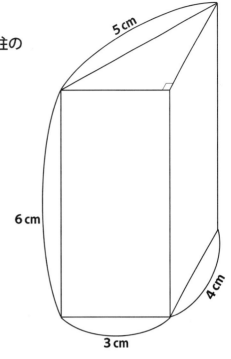

その前に、四角柱（直方体）の体積の求め方を、もう一度確認しておきます。

たとえば、下のような四角柱（直方体）の体積を求めてみます。

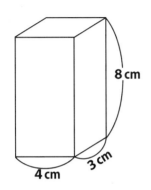

四角柱（直方体）の体積は　**よこ×たて×高さ**　で求められますので

$$4×3×8＝96㎤　です。$$

この式において、「4×3」の部分は底面の長方形の面積に相当します。

$$\underline{4×3}　×　\underset{\uparrow 底面の長方形の面積}{\overset{\downarrow 四角柱の高さ}{\underline{8}}}　＝96㎤$$

ですから、この式は　**底面の長方形の面積×立体の高さ**と言いかえることができるのです。これはどのような「…柱」の体積を求める場合にも成り立ちます。

底面の長方形の面積は「底面積」と言います。
立体の高さは「高さ」とだけ言いましょう。

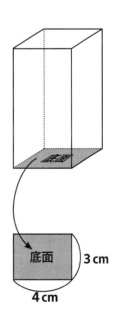

「○○柱」の体積＝底面積×高さ

柱の体積

例題６の三角柱の場合も　**底面積×高さ**　で体積が求められます。

底面は直角三角形ですので、

$$3×4÷2＝6㎠ \quad …底面積$$

三角柱の高さは６cm ですので

$$6㎠×6cm＝36㎤$$

答、　３６㎤

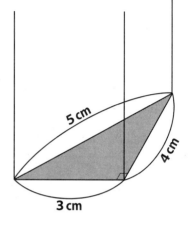

例題７、右図のような、円柱の体積を求めましょう。

底面は円です。円の面積＝半径×半径×円周率（3.14）

$$4×4×3.14＝50.24㎠ \quad …底面積$$

円柱の高さは８cm ですので

$$50.24㎠×8cm＝401.92㎤$$

答、　４０１.９２㎤

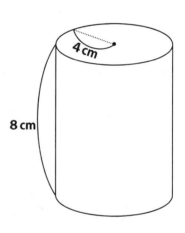

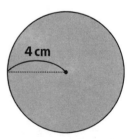

柱の体積＝底面積×（柱の）高さ

柱の体積

問題５、それぞれ体積を求めましょう。（円周率は３．１４とする）

① 角は全て９０°

式

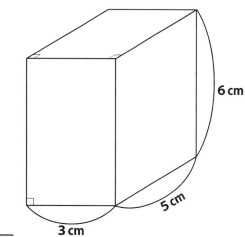

6cm

5cm

3cm

答、＿＿＿＿＿＿＿ cm³

② 直角二等辺三角形の三角柱

式

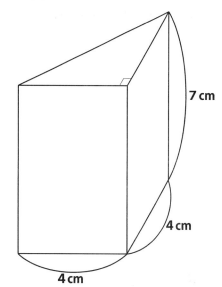

7cm

4cm

4cm

答、＿＿＿＿＿＿＿ cm³

③ 円柱

式

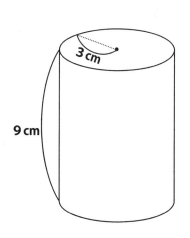

3cm

9cm

答、＿＿＿＿＿＿＿ cm³

柱の体積

④　底面が台形の四角柱
　　式

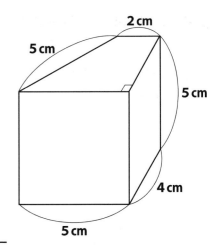

答、＿＿＿＿＿＿＿＿ cm³

⑤　直方体に、直径2cmの円柱の穴があいている
　　式

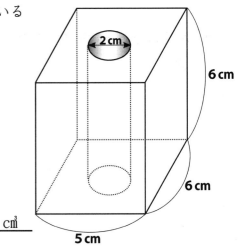

答、＿＿＿＿＿＿＿＿ cm³

⑥　三角柱
　　式

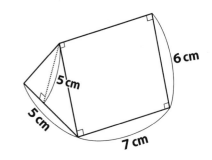

答、＿＿＿＿＿＿＿＿ cm³

柱の体積

⑦　角は全て９０°
　　式

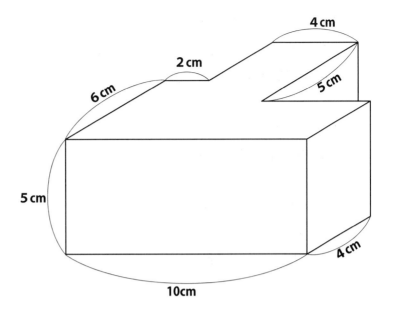

答、＿＿＿＿＿＿＿＿　c㎥＿

⑧　底面が不規則な形の柱形
　　式

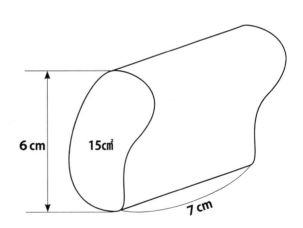

答、＿＿＿＿＿＿＿＿　c㎥＿

柱の体積

例題8、右図のような、上面の面積＝ 20㎠、
　右面の面積＝ 24㎠、体積＝ 120㎤の直方体の、
　各辺の長さを求めましょう。

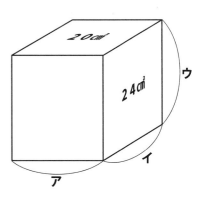

120㎤

　　直方体は四角柱の一つですので、

　　　　体積＝底面積×高さ　　です。

　　右面を底面とすると「ア」が高さにあたります。

　　　　120㎤ ＝ 24㎠×ア

　　　　　　ア ＝ 120 ÷ 24

　　　　　　　 ＝ 5 cm

　　上面を底面とすると「ウ」が高さにあたります。

　　　　120㎤ ＝ 20㎠×ウ

　　　　　　ウ ＝ 120 ÷ 20

　　　　　　　 ＝ 6 cm

　　上面の面積は　ア×イ　なので

　　　　20㎠ ＝ 5 cm ×イ

　　　　　イ ＝ 20 ÷ 5

　　　　　　 ＝ 4 cm

　　　　　　　　　答、<u>　ア　5 cm、　イ　4 cm、　ウ　6 cm　</u>

　　柱の体積＝底面積×高さ　を使って解きます。

　直方体は、どの面を底面と考えるか、3通りの方法があり、それぞれ高さに相当する辺の位置が異なるので、よく見て、よく考えましょう。

柱の体積

問題６、次のそれぞれの長さを求めましょう。（円周率は３．１４とする）

① 直方体の「ア」の長さ

式

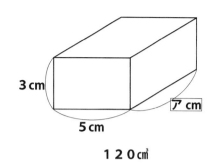

3 cm
5 cm
ア cm
１２０㎤

答、 ア _____ cm

② 底面が直角三角形の三角柱の「イ」の長さ

式

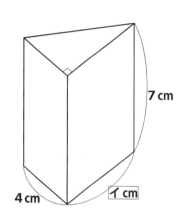

7 cm
4 cm
イ cm

答、 イ _____ cm 　　７０㎤

③ 円柱の高さ「ウ」

式

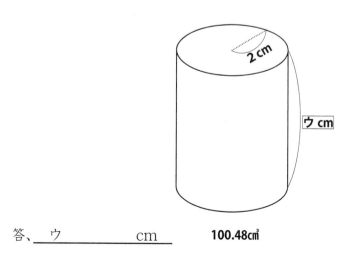

2 cm
ウ cm

答、 ウ _____ cm 　　100.48㎤

柱の体積

④ 直方体の「エ」「オ」の長さ
   式

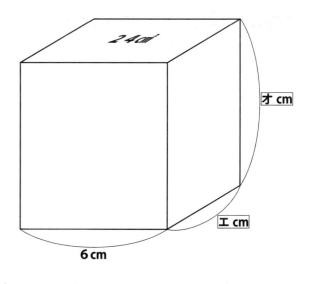

答、<u>エ　　　　　　cm、オ　　　　　　cm</u>

⑤ 直方体の「カ」「キ」「ク」の長さ
   式

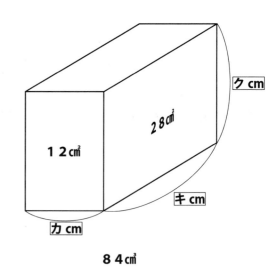

答、<u>カ　　　　　cm、キ　　　　　cm、ク　　　　　cm</u>

テスト2　柱<ruby>柱<rt>ちゅう</rt></ruby>の体積のテスト

テスト2−1、それぞれ体積を求めましょう。
（円周率は3.14とする）

① 角は全て90° （10点）

式

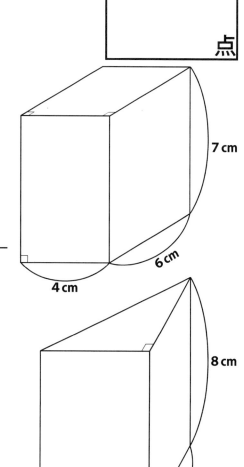

答、＿＿＿＿＿＿＿ cm³

② 直角二等辺三角形の三角柱 （10点）

式

答、＿＿＿＿＿＿＿ cm³

③ 円柱 （10点）

式

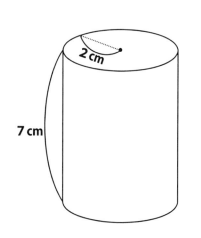

答、＿＿＿＿＿＿＿ cm³

テスト2　柱の体積のテスト

④　底面が台形の四角柱（10点）

式

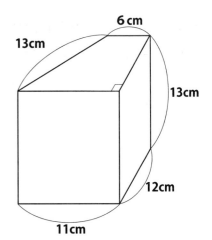

答、＿＿＿＿＿＿＿＿cm³

⑤　直方体に、直径4cmの円柱の穴があいている（15点）

式

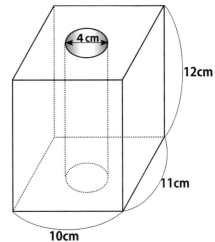

答、＿＿＿＿＿＿＿＿cm³

⑥　（15点）

式

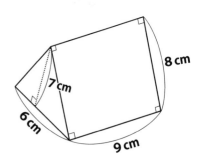

答、＿＿＿＿＿＿＿＿cm³

テスト2　柱の体積のテスト

⑦　（15点）

式

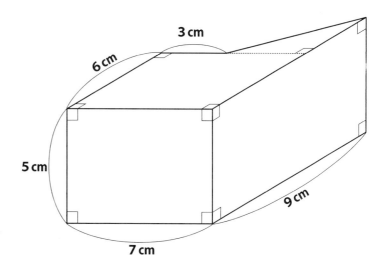

答、＿＿＿＿＿＿　cm³

⑧　底面が不規則な形の柱形（15点）

式

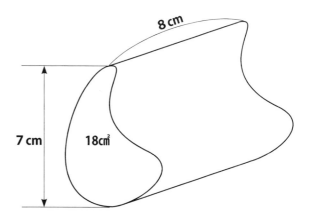

答、＿＿＿＿＿＿　cm³

テスト2　柱の体積のテスト

テスト2－2、次のそれぞれの長さを求めましょう。
（円周率は3.14とする）

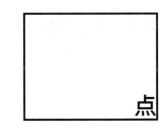

① 直方体の「ア」の長さ（15点）
　　式

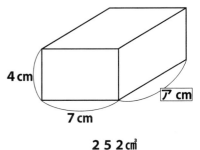

4 cm

7 cm

ア cm

252㎤

答、__ ア　　　　　__ cm

② 底面が直角三角形の三角柱の「イ」の長さ（15点）
　　式

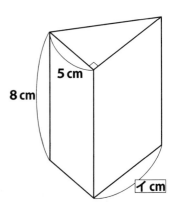

5 cm

8 cm

イ cm

120㎤

答、__ イ　　　　　__ cm

③ 円柱の高さ「ウ」（15点）
　　式

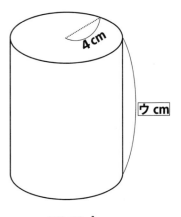

4 cm

ウ cm

452.16㎤

答、__ ウ　　　　　__ cm

テスト2　柱の体積のテスト

④　直方体の「エ」「オ」の長さ（１１点×２）

　　式

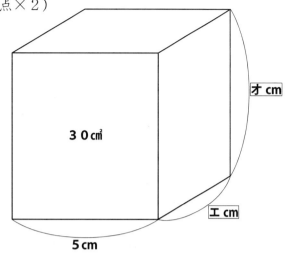

答、エ　　　　　cm、オ　　　　　cm

⑤　直方体の「カ」「キ」「ク」の長さ（１１点×３）

　　式

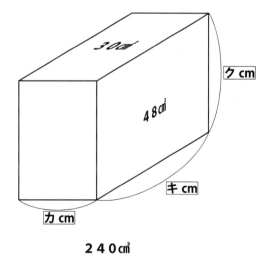

答、カ　　　　cm、キ　　　　cm、ク　　　　cm

錐の体積

★下の図のような形を、それぞれ「○○錐」とよびます。

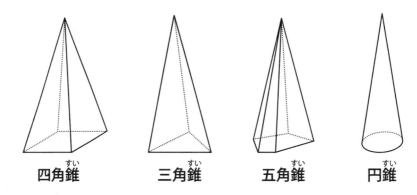

四角錐　　　三角錐　　　五角錐　　　円錐

ぞれぞれ ■ の部分を「底面」とよび、「底面」の形から「○○錐」とよびます。

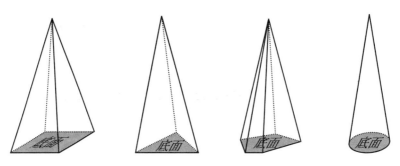

底面が四角形なら「四角錐」、三角形なら「三角錐」、円なら「円錐」となります。

問題７、次のそれぞれの形が、「○○錐」ならその名前を書き、「○○錐」でないなら、
　　×印を書きましょう。

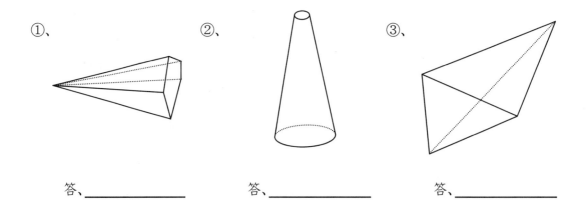

①、　　　　　　　　　②、　　　　　　　　　③、

答、＿＿＿＿＿＿　　答、＿＿＿＿＿＿　　答、＿＿＿＿＿＿

錐の体積

★「○○錐」の体積は「○○柱」の体積の３分の１になります。

　三角錐でも四角錐でも円錐でも、どんな錐でも「錐は柱の３分の１」になるということの証明は、とてもむずかしいので、ここではできません。ですから「錐は柱の３分の１」になるということだけ、覚えてしまいましょう。

　ある特殊な錐のいくつかについては、「錐は柱の３分の１」になることを証明できます。例を下に書いておきますので、興味のある人は、読んでみてください。むずかしいと思う人は、とばしてもかまいません。

　右図のような、底面が直角二等辺三角形の三角柱を考えます。

　この体積は、「底面積×高さ」ですので

　　6×6÷2×6＝108㎤　　　です。

　この三角柱を、下の図のように３つに分割します。すると、全く同じ形、同じ大きさ（合同）の３つに分けることができます。

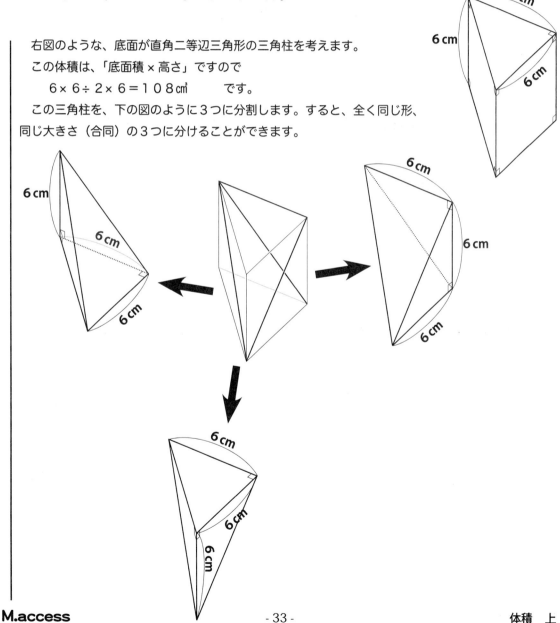

錐の体積

この３つの形は、全く同じ形、同じ大きさ（合同）ですので、体積も等しくなります。

三角柱の体積は１０８㎤ですので、分けた３つの形は、それぞれ

　　１０８÷３＝３６㎤　　　となります。

分けた３つの形は、底面の２つの斜辺（たてと横）が６cmの三角錐です。これら三角錐は、ちょうど３つ合わせて同じ底面の三角柱になるから、三角錐は三角柱の体積の３分の１だと分かります。

どんな「錐」も同じ底面積の「柱」の体積の３分の１になることの証明は、高校生で習います。

「〇〇錐」の体積の求め方（公式）

$$「〇〇錐」の体積＝底面積×高さ÷3$$

分数の四則計算のできる人は

$$「〇〇錐」の体積＝底面積×高さ×\frac{1}{3}$$

で、覚えておきましょう。

ここで言う「高さ」とは、錐の頂点から底面積へ垂直（９０°）に下ろした直線の長さのことです。三角形の面積を求める公式「三角形の面積＝底辺×高さ」の時の「高さ」が、底辺と垂直な直線で考えたのと同じです。

下の底面が等しい３つの円錐は、全て高さが等しく、すなわち体積も等しくなります。

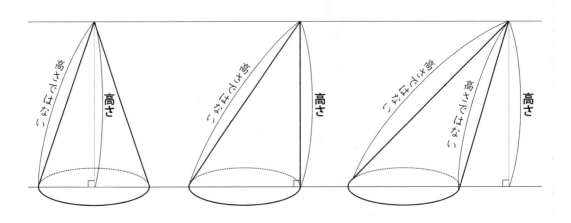

錐の体積

例題９、右図のような、底面が長方形の四角錐の体積を求めましょう。

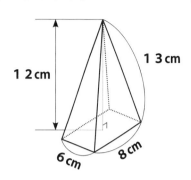

底面はよこ６ｃｍ、たて８ｃｍ の長方形です。底面積は

$$6ｃｍ × 8ｃｍ = 48㎠$$

錐の体積は　底面積×高さ÷３　でしたね。**高さは「底面から垂直の部分」で考えます。**（三角形の面積を求める場合の　**底辺と高さの関係**　と同じ）

ですからこの四角錐の高さは１２ｃｍです。１３ｃｍの辺の部分は、計算に必要ありません。

求める体積は

$$48㎠ × 12ｃｍ ÷ 3 = 192㎤$$
　　　　　　　　　　　　　　　　　　答、＿＿192㎤＿＿

問題８、それぞれ図のような錐の体積、辺の長さを求めましょう。
　（円周率は３．１４とする）

① 　底面は正方形
　　式

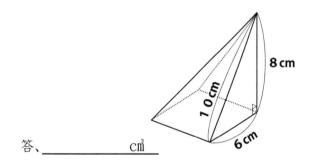

答、＿＿＿＿＿＿＿㎤

② 　底面は直角三角形
　　式

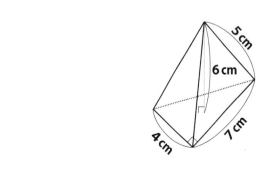

答、＿＿＿＿＿＿＿㎤

錐の体積

③　底面は円

　　式

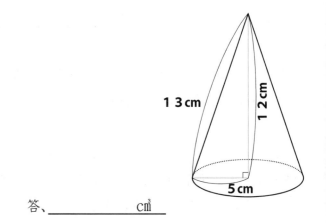

答、＿＿＿＿＿＿＿＿ c㎥

④　底面は八角形で、向かい合う４組の辺はそれぞれ平行。

　　式

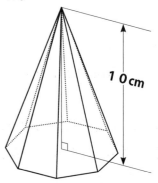

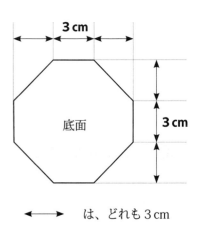

底面

は、どれも３cm

答、＿＿＿＿＿＿＿＿ c㎥

錐の体積

⑤
式

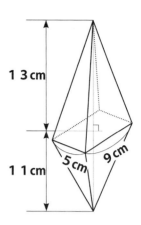

答、＿＿＿＿＿＿＿＿ c㎥

⑥ 円錐から円錐を切り取ったもの（円錐台）
式

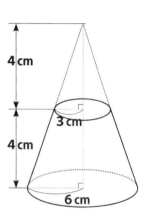

答、＿＿＿＿＿＿＿＿ c㎥

⑦ 「ア」の長さを求めましょう。底面は長方形。
式

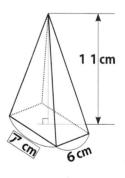

176c㎥

答、＿＿＿＿＿＿＿＿ cm

テスト3　錐の体積のテスト

テスト3、それぞれ図のような錐の体積、辺の長さを求めましょう。（円周率は3.14とする）

点

① 底面は長方形。（8点）

式

答、＿＿＿＿＿＿ cm³

② 底面は正方形。（8点）

式

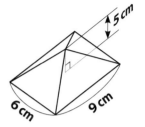

答、＿＿＿＿＿＿ cm³

③ 底面は台形。（8点）

式

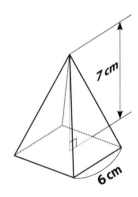

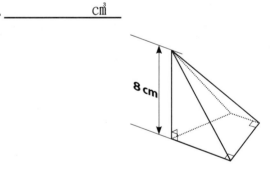

答、＿＿＿＿＿＿ cm³

テスト３　錐の体積のテスト

④　底面は直角三角形。　（８点）

式

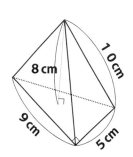

答、＿＿＿＿＿＿＿＿＿ cm³

⑤　底面は円。　（８点）

式

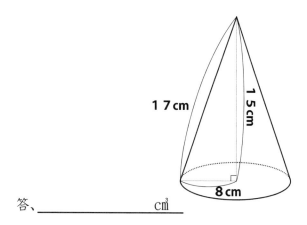

答、＿＿＿＿＿＿＿＿＿ cm³

⑥　底面は六角形。各辺の長さは５cm。向かい合う３組
の辺は、それぞれ平行。　（１０点）

式

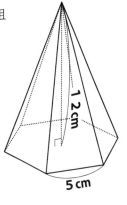

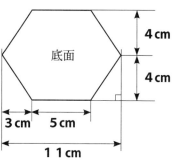

答、＿＿＿＿＿＿＿＿＿ cm³

テスト3　錐の体積のテスト

⑦　（10点）

式

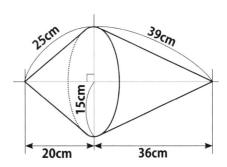

答、＿＿＿＿＿＿＿＿＿＿cm³

⑧　四角錐から四角錐を切り取ったもの。上の面と下の面は平行。底面は台形。
　　　　　　　　　　　　　　　　　　　（10点）

式

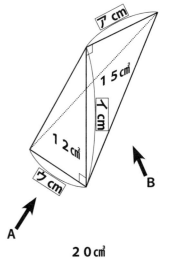

答、＿＿＿＿＿＿＿＿＿＿cm³

⑨　Aの方向から見た直角三角形の面の面積は１２㎠、
　　Bの方向からみた直角三角形の面の面積は１５㎠、
　　この三角錐の体積は２０㎤。　（10点×3）
　　式

答、ア＿＿＿＿＿cm、イ＿＿＿＿＿cm、ウ＿＿＿＿＿cm

解 答　解き方は一例です

P6

問題1

① $4 \times 2 \times 2 = 16$ 　①、__16㎤__ 　② $1 \times 2 \times 5 = 10$ 　②、__10㎤__

③ $5 \times 2 \times 3 = 30$ 　③、__30㎤__ 　④ $3 \times 3 \times 4 = 36$ 　④、__36㎤__

P8

問題2

① $3 \times 2 \times 3 = 18$ 　　② $6 \times 1 \times 1 = 6$

　$2 \times 2 \times 1 = 4$ 　　　　$6 \times 1 \times 3 = 18$

　$18 + 4 = 22$ 　　　　　$6 + 18 = 24$

　　　①、__22㎤__ 　　　　　②、__24㎤__

P9

問題2

③ $2 \times 2 \times 2 = 8$ 　　④ $4 \times 3 \times 1 = 12$

　$4 \times 2 \times 1 = 8$ 　　　　$12 \times 3 = 36$（同じ形が3つある）

　$1 \times 1 \times 4 = 4$

　$8 + 8 + 4 = 20$

　　　③、__20㎤__ 　　　　　　④、__36㎤__

⑤ $3 \times 3 \times 3 = 27$ 　　⑥ $3 \times 3 \times 3 = 27$

　$27 - 3 = 24$（穴の部分は3㎤）　　$27 - 5 = 22$（穴の部分は5㎤）

　　　⑤、__24㎤__ 　　　　　⑥、__22㎤__

P11

問題3

① $3 \times 4 \times 5 = 60$ 　　② $5 \times 2 \times 9 = 90$ 　　③ $8 \times 8 \times 8 = 512$

　①、__60㎤__ 　　　②、__90㎤__ 　　　③、__512㎤__

④ $4 \times 3 \times 2 = 24$ 　　⑤ $8 \times 2 \times 4 = 64$

　$(7 - 4) \times 3 \times 5 = 45$ 　　$8 \times 5 \times 6 = 240$

　$24 + 45 = 69$ 　　　　$64 + 240 = 304$

　　　④、__69㎤__ 　　　　　⑤、__304㎤__

P12

問題3

⑥ $7 \times 8 \times 3 = 168$ 　　⑦ $8 \times 10 \times 8 = 640$

　$(7 - 3) \times (8 - 6) \times 4 = 32$ 　　$5 \times 10 \times 3 = 150$

　$168 + 32 = 200$ 　　　$640 - 150 = 490$

　　　⑥、__200㎤__ 　　　　⑦、__490㎤__

解 答 解き方は一例です

問題3

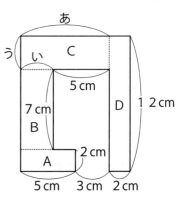

⑧ A、B、C、Dの4つの部分に区切って考える。

A：$5 \times 2 \times 1 = 10$ ㎤

B：$3 + 5 = 8$ cm…あ　$8 - 5 = 3$ cm…い　$3 \times 7 \times 1 = 21$ ㎤

C：$12 - (7 + 2) = 3$ cm…う　$8 \times 3 \times 1 = 24$ ㎤

D：$2 \times 12 \times 1 = 24$ ㎤

$10 + 21 + 24 + 24 = 79$ ㎤

⑧、__79 ㎤__

テスト1-1

① $5 \times 3 \times 4 = 60$

①、__60 ㎤__

② $6 \times 3 \times 2 = 36$

$3 \times 3 \times 2 = 18$

$36 + 18 = 54$

②、__54 ㎤__

③ $8 \times 3 = 24$

$6 \times 3 = 18$

$3 \times 3 = 9$

$24 + 18 + 9 = 51$

③、__51 ㎤__

④ $6 \times 2 = 12$

$12 + 2 + 3 = 17$

④、__17 ㎤__

テスト1-1

⑤ $4 \times 3 \times 3 = 36$

$36 - 3 = 33$（穴の部分は3㎤）

⑤、__33 ㎤__

⑥ $3 \times 3 \times 4 = 36$

$36 - 5 = 31$（穴の部分は5㎤）

⑥、__31 ㎤__

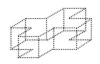

⑦、__12 ㎤__　（数えましょう）

テスト1-2

① $5 \times 3 \times 8 = 120$

①、__120 ㎤__

② $9 \times 9 \times 9 = 729$

②、__729 ㎤__

③ $9 \times 5 \times 3 = 135$

$4 \times 5 \times (6 - 3) = 60$

$135 + 60 = 195$

③、__195 ㎤__

④ $7 \times (2 + 3) \times 3 = 105$

$7 \times 3 \times 2 = 42$

$105 + 42 = 147$

④、__147 ㎤__

解 答　解き方は一例です

P16

テスト1－2

⑤　$12×(3+3+3)×3＝324$

$3×3×3＝27…$へこんでいる部分

$4×5×(9-4)＝100$

$324-27+100＝397$

⑤、__397㎤__

⑥　$(6+2)×(6+2)×6＝384$

$2×2×6＝24$

$384-24×3＝312$

⑥、__312㎤__

⑦　$3×6×(5+2+4)＝198$

$3×7×2＝42$　　$3×6×2＝36$

$6×6×2＝72$　　$(10-3)×6×2＝84$

$198+42+36+72+84＝432$

⑦、__432㎤__

P18

問題4

①、__三角柱__　　②、__六角柱__　　③、__×__

④、__×__　　⑤、__×__　　⑥、__五角柱__

P21

問題5

①　$3×5×6＝90$

①、__90㎤__

②　$4×4÷2×7＝56$

②、__56㎤__

③　$3×3×3.14×9＝254.34$

③、__254.34㎤__

P22

問題5

④　$(2+5)×4÷2×5＝70$

④、__70㎤__

⑤　$\underset{\text{底面積}}{\underline{(5×6-1×1×3.14)}}×6＝161.16$

⑤、__161.16㎤__

⑥　$5×5÷2×7＝87.5$

⑥、__87.5㎤__

P23

問題5

⑦　$5+4＝9…$あ　　$10-(2+4)＝4…$い

$(2×6+4×9+4×4)×5＝320$

⑦、__320㎤__

⑧　$15×7＝105$

⑧、__105㎤__

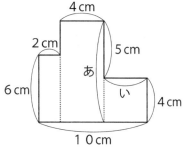

解答　解き方は一例です

P25
問題6

① $5 × ア × 3 = 120$
$120 ÷ (5 × 3) = 8$
①、__ア　8cm__

② 底面積 $× 7 = 70$　　$70 ÷ 7 = 10cm^2$…底面積
$4 × イ ÷ 2 = 10$　イ $= 10 × 2 ÷ 4 = 5$
②、__イ　5cm__

③ $2 × 2 × 3.14 = 12.56$…底面積　　$12.56 × ウ = 100.48$
$100.48 ÷ 12.56 = 8$
③、__ウ　8cm__

P26
問題6

④ $6 × エ = 24$　　$24 ÷ 6 = 4cm$…エ
$24 × オ = 168$　　$168 ÷ 24 = 7cm$…オ
④、__エ　4cm、　オ　7cm__

⑤ $28 × カ = 84$　　$84 ÷ 28 = 3cm$…カ　　$12 × キ = 84$　　$84 ÷ 12 = 7cm$…キ
$3 × 7 × ク = 84$　　$84 ÷ (3 × 7) = 4$…ク
⑤、__カ　3cm、　キ　7cm、　ク　4cm__

P27
テスト2−1

① $4 × 6 × 7 = 168$
①、__168cm^3__

② $5 × 6 ÷ 2 × 8 = 120$
②、__120cm^3__

③ $2 × 2 × 3.14 × 7 = 87.92$
③、__87.92cm^3__

P28
テスト2−1

④ $(6 + 11) × 12 ÷ 2 × 13 = 1326$
④、__1326cm^3__

⑤ $\underset{底面積}{(10 × 11 - 2 × 2 × 3.14)} × 12 = 1169.28$
⑤、__1169.28cm^3__

⑥ $6 × 7 ÷ 2 × 9 = 189$
⑥、__189cm^3__

P29
テスト2−1

⑦ $\underset{A}{6 × 7} + \underset{B}{(7 - 3) × (9 - 6) ÷ 2} = 48$…底面積

$48 × 5 = 240$
⑦、__240cm^3__

⑧ $18 × 8 = 144$
⑧、__144cm^3__

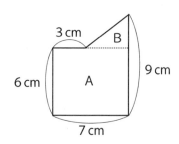

解　答　解き方は一例です

P30
テスト2−2
① 4×7×ア＝252
252÷（4×7）＝9
①、　ア　9cm

② 底面積×8＝120　　120÷8＝15c㎡…底面積
5×イ÷2＝15　イ＝15×2÷5＝6
②、　イ　6cm

③ 4×4×3.14＝50.24…底面積
50.24×ウ＝452.16
452.16÷50.24＝9
③、　ウ　9cm

P31
テスト2−2
④ 30×エ＝150　　150÷30＝5cm…エ
5×オ＝30　　30÷5＝6cm…オ
④、　エ　5cm、　オ　6cm

⑤ 48×カ＝240　　240÷48＝5cm…カ　　30×ク＝240　　240÷30＝8cm…ク
ク×キ＝48　　8×キ＝48　　48÷8＝6…キ
⑤、　カ　5cm、　キ　6cm、　ク　8cm

P32
問題7
①、　五角錐　　　②、　×（円錐の一部で、円錐台という）　　　③、　三角錐

P35
問題8　（下線部は底面積）
① <u>6×6</u>×8÷3＝96
①、　96c㎥

② <u>4×7÷2</u>×6÷3＝28
②、　28c㎥

P36
問題8
③ <u>5×5×3.14</u>×12÷3＝314
③、　314c㎥

④ <u>（3×3＋6×9）</u>×10÷3＝210
④、　210c㎥

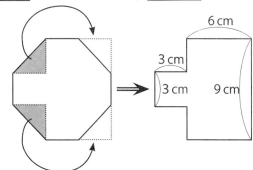

P37
問題8
⑤ <u>5×9</u>×13÷3＋<u>5×9</u>×11÷3＝360
⑤、　360c㎥

⑥ <u>6×6×3.14</u>×（4＋4）÷3＝301.44…大円錐
<u>3×3×3.14</u>×4÷3＝37.68…小円錐
301.44−37.68＝263.76
⑥、　263.76c㎥

解　答　解き方は一例です

P37

問題8　（下線部は底面積）

⑦　$\underline{6 \times ア \times 11} \div 3 = 176$

　　$ア = 176 \times 3 \div 11 \div 6 = 8$　　⑦、**8cm**

P38

テスト3　（下線部は底面積）

①　$\underline{6 \times 9} \times 5 \div 3 = 90$　　①、**90㎤**

②　$\underline{6 \times 6} \times 7 \div 3 = 84$　　②、**84㎤**

③　$\underline{(4.5 + 7.5) \times 4 \div 2} \times 8 \div 3 = 64$　　③、**64㎤**

P39

テスト3

④　$\underline{9 \times 5 \div 2} \times 8 \div 3 = 60$

　　　　　　　　　④、**60㎤**

⑤　$\underline{8 \times 8 \times 3.14} \times 15 \div 3 = 1004.8$

　　　　　　　　　⑤、**1004.8㎤**

⑥　$\underline{8 \times 8} \times 12 \div 3 = 256$

　　　　　　　　　⑥、**256㎤**

P40

テスト3

⑦　$\underline{15 \times 15 \times 3.14} \times 20 \div 3 + \underline{15 \times 15 \times 3.14} \times 36 \div 3 = 13188$

　　　　　　　　　　　　　　⑦、**13188㎤**

⑧　$\underline{(6 + 8) \times 6 \div 2} \times (7 + 7) \div 3 = 196$…大きな四角錐

　　$\underline{(3 + 4) \times 3 \div 2} \times 7 \div 3 = 24.5$…小さな四角錐

　　$196 - 24.5 = 171.5$　　⑧、**171.5㎤**

⑨　$12 \times ア \div 3 = 20$　　$20 \times 3 \div 12 = 5cm$…ア

　　$ア \times イ \div 2 = 15$　　$5 \times イ \div 2 = 15$　　$15 \times 2 \div 5 = 6cm$…イ

　　$15 \times ウ \div 3 = 20$　　$20 \times 3 \div 15 = 4cm$…ウ

　　　　　　　⑨、**ア　5cm、イ　6cm、ウ　4cm**

M.acceess　学びの理念

☆学びたいという気持ちが大切です
　勉強を強制されていると感じているのではなく、心から学びたいと思っていることが、
　子どもを伸ばします。

☆意味を理解し納得する事が学びです
　たとえば、公式を丸暗記して当てはめて解くのは正しい姿勢ではありません。意味を理
　解し納得するまで考えることが本当の学習です。

☆学びには生きた経験が必要です
　家の手伝い、スポーツ、友人関係、近所付き合いや学校生活もしっかりできて、「学び」の
　姿勢は育ちます。
　生きた経験を伴いながら、学びたいという心を持ち、意味を理解、納得する学習をすれ
　ば、負担を感じるほどの多くの問題をこなさずとも、子どもたちはそれぞれの目標を達成
　することができます。

発刊のことば

　「生きてゆく」ということは、道のない道を歩いて行くようなものです。「答」のない問題を解
くようなものです。今まで人はみんなそれぞれ道のない道を歩き、「答」のない問題を解いてきま
した。
　子どもたちの未来にも、定まった「答」はありません。もちろん「解き方」や「公式」もありません。
　私たちの後を継いで世界の明日を支えてゆく彼らにもっとも必要な、そして今、社会でもっと
も求められている力は、この「解き方」も「公式」も「答」すらもない問題を解いてゆく力では
ないでしょうか。
　人間のはるかに及ばない、素晴らしい速さで計算を行うコンピューターでさえ、「解き方」のな
い問題を解く力はありません。特にこれからの人間に求められているのは、「解き方」も「公式」
も「答」もない問題を解いてゆく力であると、私たちは確信しています。
　M.access の教材が、これからの社会を支え、新しい世界を創造してゆく子どもたちの成長
に、少しでも役立つことを願ってやみません。

思考力算数練習帳シリーズ４６
体積 上　新装版　小数範囲　（内容は旧版と同じものです）

　　新装版　第１刷
　　編集者　M.access（エム・アクセス）
　　発行所　株式会社　認知工学
　　〒６０４−８１５５　京都市中京区錦小路烏丸西入ル占出山町 308
　　電話　（０７５）２５６−７７２３　　email：ninchi@sch.jp
　　郵便振替　０１０８０−９−１９３６２　株式会社認知工学

ISBN978-4-86712-146-7　C-6341　　　A46020124H　M

定価＝　本体６００円　＋税